BRINGING BACK OUR FRESHWATER LAKES

走进淡水湖

[美]莉萨·J·阿姆斯特茨(LISA J.AMSTUTZ） 著

李咏梅　王红武　译

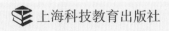

上海科技教育出版社

图书在版编目（CIP）数据

走进淡水湖 /（美）莉萨·J·阿姆斯特茨（Lisa J.Amstutz）著；李咏梅，王红武译 . —上海：上海科技教育出版社，2020.4

（修复我们的地球）

书名原文：Bringing Back Our Freshwater Lakes

ISBN 978-7-5428-7172-5

Ⅰ . ①走… Ⅱ . ①莉… ②李… ③王… Ⅲ . ①淡水湖 – 青少年读物 Ⅳ . ① P941.78-49

中国版本图书馆 CIP 数据核字（2020）第 012050 号

目　录

1952 年凯霍加河的火灾是该河历史上规模最大的火灾。

第一章

火

着火了！着火了！1969年6月22日，当几辆消防车冲向一个有着5层楼高的巨大火焰的火灾现场时，警铃叮当作响，警笛发出刺耳的响声。但这不是一场普通的火灾。这一次，是一条河在燃烧！一列路过的火车所产生的火花引燃了俄亥俄州北部凯霍加河上残留的油脂。在火情得到控制时，大火已经持续了20至30分钟，造成了大约5万美元的损失。

这不是凯霍加河第一次着火。事实上，这已经是自1868年以来，这条河第13次着火了。以前发生的一些火灾规模要大得多。1952年的大火造成了130多万美元的损失，1912年的大火造成了5人死亡。

全国各处都能看到"污染水体"的标示牌。1978年，接近墨西哥边境的加利福尼亚州，那里的一个小男孩由于在危险的污水中游泳而患病。

火灾成因

很难想象水体竟然会着火。然而，在 19 世纪至 20 世纪早期，大多数人对直接向湖泊河流中倾倒工业废料和其他污染物毫不在意，而这些湖泊河流与淡水生态系统密切相关。当时人们认为，水一定能够稀释一切污染物，从而降低其危害性。"禁止游泳"和"污染水体"等标示牌随处可见。20 世纪 60 年代，俄亥俄州北部的一位居民在描述凯霍加河时说，河水像豌豆汤一样绿。《时代周刊》中一篇关于凯霍加河的文章写道："某些河流，颜色呈巧克力般的棕褐色，浮着油脂，水下的气体逸出使得水面泛着气泡，整条河是蠕动的而非流动的。"经过数十年的污染，这条河被破坏到难以修复的地步。垃圾和含油废弃物漂浮在被污染水体的表面，为火灾的发生创造了完美的条件。

凯霍加河流入伊利湖，而伊利湖的情况也同样糟糕。到20世纪60年代，伊利湖被认定为"死"湖。黏糊糊的藻类覆盖了湖畔和水面。当这些藻类腐烂时，它们吸收了水体中全部的氧气，导致鱼类和其他生物缺氧。伊利湖确实臭气熏天，重金属污染使湖中的鱼类不能供人们安全食用。人们开始称伊利湖为"北美死海"。

火河

在19世纪末20世纪初，美国的河流经常着火。凯霍加河至少着火13次，而密歇根州的底特律、马里兰州的巴尔的摩、宾夕法尼亚州的费城、纽约州的布法罗，其境内的河流也都曾着火。芝加哥河的火灾不时为目击者带来乐趣。尽管1969年凯霍加河的火灾是美国历史上的最后一场河流火灾，但其他国家仍经历着河流火灾。除非世界各地加强立法并落实到位，否则河流火灾难以避免。

变质的五大湖

五大湖的蓄水量超过246 000立方千米——约占地球表面淡水总量的18%。五大湖非常大，它们的总面积与整个英国的面积相近。尽管五大湖规模很大，但人类活动仍然使它们遭到了严重破坏。

截至凯霍加河着火时，五大湖已经持续恶化了很长一段时间。在主要城市，例如俄亥俄州的克利夫兰市、密歇根州的底特律市以及伊利诺伊州的芝加哥市，排污系统建设跟不上人口数量的激增。在 19 世纪中期，五大湖周边许多城市所修建的排污系统将未经处理的污水直接排入五大湖。例如在 19 世纪 70 年代，克利夫兰市向伊利湖倾倒污水，使得该市直接来自伊利湖的水源无法安全饮用。于是他们尝试着将污水管延伸到湖中更远的位置。当这个措施不起效时，克利夫兰市从 1911 年开始向供水系统中加氯进行消毒，并从 1917 年开始过滤进水。这种举措大大减少了伤寒和霍乱之类的疾病的发生，但是并没有改善湖泊的生态环境。

第一次世界大战期间（1914—1918 年），化学公司、造纸厂、炼钢厂、炼油厂和其他工厂也开始向五大湖及周边河流中倾倒废物。这些废物含有大量的磷、氮和其他化学物质，其中磷和氮是地球上的天然化学元素。或许因为伊利湖是五大湖中最浅且周边工业化程度最高的，所以它的破坏最为严重。污水中过量的营养物质造成藻类迅速增殖。随着藻类死亡腐烂，它们会耗尽湖中的氧气。伊利湖的大部分湖底区域极度缺氧，成了死亡区域。黏糊糊的藻类使湖水不适合垂钓、游泳以及饮用。成团的藻类冲刷到湖岸上，也让湖边环境变得不再怡人。

是湖泊还是池塘

湖泊和池塘都属于静水水域，其中的水可能来自冰川、河流、地下水渗流或周围径流。那么湖泊和池塘的区别是什么呢？令人意外的是，两者的区别在于它们的深度而非面积。阳光可以照射到池塘的底部，但是却无法照射到湖泊底部。这影响了在每种栖息地中能够生长的植物数量、种类和以植物为食的动物数量和种类。

转折点

到 20 世纪 60 年代，人们开始抱怨伊利湖的环境污染。行动派发起拯救湖泊的运动，媒体也加大了对该话题的报道力度。渐渐地，这种情况开始引起州级官员和联邦官员的注意。

湖泊遍布地球上的每个大洲——甚至埋藏在南极冰盖下。70% 的湖泊分布在北美洲、非洲和亚洲。

对很多人来说，1969 年凯霍加河火灾是最后的导火索。全国范围内人们对此类和其他环境问题的怒火促使国会于 1970 年 1 月 1 日通过了《美国国家环境政策法》。美国环境保护局也由此成立。1972 年，国会通过了《清洁水法》。该法案要求：到 1983 年，美国所有的河流要干净到足以游泳和钓鱼的程度；到 1985 年，停止向河流内排放污染物。1978 年，美国和加拿大签署了《五大湖水质协议》，其目的是"恢复和维持五大湖水体的化学、物理和生物完整性"。按照该协议，两个国家开始共同努力减少湖中的磷含量，从而减少藻华。

随着新法律的实施以及公众对污染问题的日益关注，五大湖的污染情况开始出现转变。美国司法部起诉了五大湖的一些主要污染者并迫使他们停止向湖内倾倒废物。

　　虽然《清洁水法》使每个湖泊都干净得足以垂钓和游泳的目标尚未实现，但是水质净化已经取得了进展。美国不适合游泳和垂钓的湖泊、河流和沿海水域所占比例从 20 世纪 70 年代的三分之二减少到了 2014 年的三分之一。

　　虽然凯霍加河的部分区域由于河流底泥有毒以及河岸受损仍被美国环境保护局视为观察区域，但该河环境已有很大的改善。自 1969 年以来，凯霍加河再也没有着过火，俄亥俄州东北部污水部门斥资逾 35 亿美元以清理和提升排污系统。如今，凯霍加河中已经有 60 多种鱼。河狸会在河岸边打洞，秃鹰也会在附近筑巢。

　　伊利湖也不再像以前那样满是浮渣并散发着恶臭。到 20 世纪 90 年代初，伊利湖中的磷含量减少了 80% 以上，藻类也随之减少。它的水质得到了改善，本土植物也重新出现。

凯霍加河从一条着火的河转变成了一条人们可以泛舟其上的河。

蜉蝣爆发

在伊利湖沿岸的俄亥俄州城市克林顿港，曾经一到春天便会有数百万只蜉蝣漫天飞舞。晚上它们被城市的灯光吸引，死亡后尸体在路边堆积成山。蜉蝣属的某种大型蜉蝣让人们十分烦恼，但它们是鲈鱼和碧古鱼等鱼类的重要食物来源。

蜉蝣数量在 20 世纪 50 年代急剧下降，这可能是磷污染的结果。在美国和加拿大政府禁止向湖中倾倒含磷物质后，蜉蝣数量开始回升。在 1996 年，大量蜉蝣涌向克林顿港，人们不得不使用扫雪机进行清理——蜉蝣尸体最终装满了 37 辆自卸卡车。数目惊人的蜉蝣甚至使电力系统瘫痪。虽然这些昆虫很惹人烦，但这是湖泊生态得到恢复的好兆头。

新的挑战

然而，湖泊保护的故事很少有一个完美的结局。在 20 世纪 80 年代后期，斑马贻贝和斑驴贻贝通过船舶压载水的排放入侵伊利湖。这些贝类密密麻麻地聚集在一起，扼杀本土物种并与它们争夺食物。

21 世纪初，伊利湖面临着另一场危机——湖中心有一个巨大的死亡地带。由于大规模有毒藻类的爆发，死鱼、死鸟以及死去的蜉蝣开始漂到湖岸上。来自农业和城市的径流裹挟着营养物质进入湖中，造成藻类大量繁殖，导致这些死亡地带继续有规律地形成。2014 年，在俄亥俄州的托莱多市，超过 40 万人连续几天没有饮用水供给，因为此时一片藻华移动至距水源极近的地方，而这些藻类分泌的毒素会致病。

伊利湖也继续面临着许多其他挑战，

包括湖泊周边人口数量激增。老化的污水系统可能无法处理日益增长的污水负荷。气候变化是另一个可能在未来几年中对湖泊产生重大影响的环境因素。

如今，气候变化致使一些湖泊在每年初夏分层或者分成不同的温度层，导致湖泊表面层的温度比往年高。

不堪重负的生态系统

大多数饮用、灌溉、洗浴、洗车和其他日常用水都来自淡水生态系统。在美国，平均每人每天直接使用大约 380 升水来满足基本需求，同时还人均每天间接使用 6435 升的水，这些水主要用于食物生产。这个数字是世界平均水平的两倍。

淡水供应极其有限。世界上仅有不到 3% 的水是淡水，其余则是咸水。只有大约 1% 的淡水是地表水，其余的水不是封在冰中便是藏于地下。虽然水可以一遍一遍地反复使用，但淡水供应受到污染或被其他环境问题所威胁。

地下水或来自地下含水层的水通常用于饮用以及工农业生产，也越来越多地用于瓶装水行业。1999 年，世界观察研究所估计全球每年需要使用 159.7 万亿升地下水，并且这个数字随着地球人口增长而持续增加。由于地下水通常为湖泊和河流供水，因此使用地下水也会影响到这些水体的水位。

地球上接近 69% 的淡水储存在冰川和冰盖中。

　　如今，世界上每三人中就有一人生活在缺乏清洁、安全的淡水的地区。到 2025 年，世界上三分之二的人可能没有足够的水来满足他们的基本需求。正如作家罗杰斯（Peter Rogers）和利尔（Susan Leal）所说："我们已经开始寻找石油的替代品，但是水是没有替代品的。"

人类不是因湖泊和河流的环境破坏而受到威胁的唯一物种。世界上超过 40% 的鱼类，代表了超过 10 000 个物种，生活在淡水生态系统中。但是近几十年来，污染、过度捕捞和其他环境风险使得这些物种中超过 20% 的生物受到威胁、濒临灭绝或已经灭绝。世界野生动物基金会的《地球生命力报告》显示，从 1970 年至 2012 年，淡水生物数量减少了 81%。

研究水与水循环的科学家被称作水文学家。

虽然统计数据不容乐观，但希望仍然存在。尽管面临许多挑战，但大多数淡水生态系统在受到保护免遭进一步破坏并得到修复时，可以恢复正常。全球许多地区都在开展创新项目来帮助实现这一目标。

2013 年，一段位于某城市公园的污水管直接排污，严重污染湖水并使鱼大量死亡。

第二章

污染问题

湖泊生态系统中存在着微妙的平衡关系，其水化学、物理生境、水源和生物组成复杂且相互关联。当其中一个因素发生变化时，其他因素也会受到影响。例如，污染可以迅速改变湖泊生态，生态反映了湖中生物之间、生物与环境之间的各种联系。

湖泊河流的污染是个老生常谈的问题。自古以来，人们一直向湖泊河流排放污水。随着 19 世纪城市的工业化，人们也开始将其他废弃物倾倒至湖泊河流中。

在 20 世纪 70 年代至 80 年代，环境机构主要关注点源污染——直接倾倒至水道中的污染物。他们在减少此类污染方面取得了很大的进展。然而，美国的许多湖泊河流仍然污染严重，无法供人游泳或垂钓。这主要是非点源污染造成的，比如农业和城市径流、采矿废水以及酸雨。

农业污染

地球人口增长需要大量的食物。因此，农业成为世界上耗水量最大的产业，其耗水量大约占世界总耗水量的三分之二。农业用水来自地下含水层或地表水源，比如河流、湖泊和水库。大部分灌溉作物用水因蒸发而消失，而返回淡水生态系统的水通常含有化肥、农药等污染物和沉积物。截至 2000 年，美国 60% 的湖泊河流污染是由农业造成的。

农业生产导致的一个大问题是使湖泊和河流水体富含氮磷。这些氮磷营养物质

湖泊污染的来源

水污染有两种不同的类型：点源污染和非点源污染。将污染物通过沟渠、管道、容器、船只或其他途径直接排入水体时，会产生点源污染。这其中包括直接排入湖泊的污水、工业废弃物和污水处理厂排水。非点源污染来自间接途径，包括农田降雨径流中的农药和化肥、道路径流带来的油脂和有毒化学物质、来自建筑工地或农田的沉积物以及酸雨。

来自化肥和有机肥，施用肥料可以使植物生长得更好。当这些营养物流入水体，它们会导致藻类过量生长。藻类死亡后会被细菌分解，这个过程中细菌会消耗掉水中所有可用的氧气，因此其他生物几乎或根本没有氧气可用。这种缺氧环境会扼杀湖中的其他生物。这个过程称为富营养化。

1971年，在威斯康星州的一次街区清扫工作中，有9人涉水进入小梅诺莫尼河，结果被严重灼伤，一些人不得不住院治疗。这是因为上游的一家工厂一直在往河流中倾倒来自木焦油的杂酚油。

富营养化不仅会影响到鱼类和其他水生生物，还会使湖泊的休闲吸引力下降。几乎没有人想在一个满是浮渣的毒湖中游泳或泛舟，鱼类的死亡也降低了湖泊的垂钓价值。随着人们对该地区的满意度降低，房地产价值下降，旅游业随之衰落，饮用水处理和湖泊管理的成本则有所增加。

由于土壤侵蚀而产生的沉积物也会破坏湖泊和河流。大规模耕种、连作（年复一年在同一片田地种植同一种作物）、森林草原开垦、牧场过度放牧等农业生产活动都会加速土壤侵蚀。下雨时，裸露的土壤会被冲刷到湖泊河流中，引发诸多问题。一些土壤颗粒沉积到河流底部，会逐渐减少河水深度并抑制生活在相应水深的生物的生长。一些土壤颗粒悬浮在水中，使水体变得浑浊。悬浮的土壤颗粒会遮挡阳光、影响植物的生长，进而影响到以这些植物为庇护所、食物和筑巢地的动物。

当一层绿色、刺鼻的藻类覆盖了水体，动物的栖息地便遭到威胁。

20

四大要素

许多农业组织正在努力改进农业生产活动，尽量将其对水源的影响降到最低。其中一个项目是普渡大学的"四大要素"，以综合方式解决农业污染问题。这个项目由 60 余个由农民主导的组织、政府机构、高校和农业企业合作进行。它促成了四种流域最佳管理措施。一是保护性耕作，用稻草或玉米秸秆等农作物残茬覆盖至少 30% 的土地表面。在田地中的适当位置预留几条或几块非耕作区域以就地控制土壤流失。二是营养物质管理，即通过细致的规划避免在田地中施用过多营养物质。三是虫害综合治理，包括尽可能使用最少量的农药控制虫害问题以及通过其他更天然的方法控制虫害，比如利用天敌和抗性作物品种来抵御虫害。四是设立保护缓冲区，水道周围的植物带能够在径流汇入水体之前吸收部分水流和营养物质。综合起来，这些流域最佳管理措施可以减少 80% 的汇入湖泊河流的污染物。

酸雨

酸雨是湖泊污染的来源之一。物质的酸度用 pH 值表示。酸是 pH 值小于 7 的物质。纯水的 pH 值等于 7，雨水的 pH 值通常在 5.6 左右。然而，大气中的水会吸收各种气体，包括来自工厂和汽车尾气的污染物。当这些污染物溶解在雨水中时，它们会形成硫酸和硝酸，使雨水的 pH 值降至约 4.2—4.4。这种酸性较强的雨水可以溶解土壤中其他能够形成酸的化合物，并分解矿物质，从而进一步增强雨水的酸性。酸雨最终进入湖泊河流后会改变其 pH 值，使它们的酸性也变强。由于大多数水生生物无法在 pH 值低于 5 的条件下长时间生存，因此严重的酸雨会杀死湖泊或湿地中的大部分生物。

马斯基根湖的成功案例

1985年，美国环境保护局宣布密歇根州的马斯基根湖为观察区域。富含营养物质的径流引发了藻华，含有多氯联苯、汞和石油产品等有毒化学物质的工业污染破坏了湖泊。马斯基根湖沙滩关闭，鱼类和其他野生动物数量减少且无法供人安全食用。

几个修复项目于2013年启动。在被称为"分区街道排水口"的马斯基根湖湾，人们环湖种植了3000棵白杨树苗。这些快速生长的树苗不仅可以吸收径流防止土壤侵蚀，还可以摄取重金属和其他有毒物质并将它们转化成无毒的形态。当树苗长大后，树木可以用于制造木制品或用作生物能源。其他项目还包括清除受污染的沉积物、用干净的沙土覆盖该区域以封存任何残留污染物。另外，沿岸线的入侵植物也被移除，代之以本土植物。

沉积物会使湖泊变浅，致使植物开始在湖底生长。这种生长会阻塞湖泊，将其变成一个沼泽环绕的池塘。最终，湖泊可能完全消失。

完成这些项目后，美国环境保护局才解除该区域内有关饮水、食用鱼类和野生动物的限制。

城市污染

城市污染是影响湖泊和河流的另一大问题。事实上，尽管城市区域只占地球陆地面积的1%，但是它对淡水生态系统造成的威胁甚至比

马斯基根湖现在已经很干净，人们能够去游玩泛舟而无须担心水质问题。

农业更大。铺路盖楼长久地改变了环境，而且这些改变难以逆转。截至
2000 年，世界上近一半的人居住在城市中；至 2030 年，这一比例预计
将增加到 60%。草坪、道路、下水道和工业活动等都会导致城市污染。

    淡水贻贝经常被用作水污染的指示物种，是衡量水体污染程度的标
尺。它们通过体内虹吸管过滤水，并食用水中的微小植物、动物和其他有
机物质。因此，有毒物质会在它们的体内快速累积。当更大的动物捕食

生物放大

生物放大是生物积累毒素的过程，使毒素浓度高于其在环境或食物中的浓度。某些化学物质，比如氯化烃，在脂肪中比在水中更容易溶解；也就是说，它们不溶于水但却很容易在动物脂肪组织中累积，使得这些化学物质成为生物放大的主要对象。此外，由于不容易被分解，它们可以在环境中持续存在很长时间。当它们沿着食物链传递时，生物体内的这些化学物质的浓度会越来越高。卡森（Rachel Carson）是最早呼吁人们关注这一现象的有识人士之一，她注意到一种叫作滴滴涕的常用杀虫剂会杀死鹰、鹗、鹈鹕和其他大型鸟类。虽然这些大型鸟类不直接食用滴滴涕，但是它们所食用的鱼和其他动物都食用过喷洒了滴滴涕的植物。卡森的努力使美国在20世纪70年代禁用了滴滴涕。

这些贻贝时，化学物质在捕食者体内的浓度会变得更高，这一过程被称为生物放大。

一类被称作有机氯的化学物质是一个很大的威胁，它们经常出现在工业废弃物中。主要的例子有滴滴涕和多氯联苯，虽然它们目前都被禁用了，但它们会在环境中持久存在。这些化学物质会干扰野生动物的发育和繁殖。被有机氯影响的鱼类可能会产生肿瘤、病变、先天缺陷以及生殖器官和鳍受损。

另一个威胁是汞，它是一种存在于采矿作业、燃煤发电以及垃圾焚烧所产生的废物中的有毒化学物质。由于发现许多鱼类都含有较高浓度的汞，美国环境保护局建议孕妇和哺乳期女性每周食用淡水鱼不超过1次。高浓度的汞会损害儿童发育中的神经系统，甚至导致其死亡。

华盛顿湖的成功案例

华盛顿湖是华盛顿州的第二大湖,也是美国最引人注目的污染治理的成功案例之一。在 20 世纪 40 年代至 50 年代,每天有多达约 7500 万升的经过处理的污水直接排放入湖中,使得湖水的磷含量升高。蓝藻的爆发生长使湖水变得又脏又浑,死亡的藻类被冲刷上岸并腐烂。1963 年,西雅图市终于决定采取措施。污水改道进入新的污水处理厂,水在排入湖中之前被处理干净了。随着污水停止入湖,华盛顿湖迅速恢复了,湖水透明度从 1964 年的仅仅 0.76 米增加至 1968 年的 3 米和 1993 年的 8 米。

华盛顿湖成功恢复洁净是由几个因素共同促成的。首先,湖水比较深,且由于有大量的水流入流出,造成了较高的冲刷率。另外,该湖的污染历史较短,所以积聚在沉积物中的污染比许多其他湖泊中的污染要少。

斯特赖克湾的成功案例

明尼苏达州德卢斯市的斯特赖克湾,由于被倾倒工业污染物长达 150 余年而成为一湾毒水。焦油和焦炭工厂、肉类加工厂和其他工厂将废弃物排到位于圣路易斯河与苏必利尔湖交汇处 0.166 平方千米的海湾中,使得化学物质沉淀在沉积物中。

华盛顿湖的最深点位于水面以下 67 米处。

1979 年，明尼苏达州污染控制局开始清理湖泊，1983 年，该海湾被列入联邦超级基金名单。2006 年至 2010 年，湖泊中的有毒沉积物被挖掘、移除。人们在剩余沉积物上覆盖了一层干净的沙土和一个特别设计的碳毡，以防污染物泄露。此外人们还种植了本土植物。

如今，海湾已经变干净，人们可以在那里游泳。鱼类和野生动物回归海湾，至少目前看起来，有毒物质已被控制。美国环境保护局继续与德卢斯的美国钢铁公司和明尼苏达州污染控制局合作，以防止更多的污染，并解决新的污染区域的问题。

超级基金地块是什么

超级基金地块是美国受到危险废物污染并威胁到人类健康或环境的地方。作为超级基金项目的一部分，美国环境保护局挑选出这些地块并将它们列入国家优先名单。然后，美国环境保护局与社区、企业、政府、科学家和其他团体合作，制定计划并清理相应地块。

流域是什么

流域是所有水流汇集到一处的一片土地。流域由地面集水区和地下集水区共同组成，你可以在标注了陆地高度的地形图上找寻流域的边缘，向同一方向排水的山脊和高地即构成流域的边缘。流域或小或大，其中的水有可能流向湖泊、河流、海湾或者湿地。

流域内的所有污染物都会汇集到水道中。这意味着向湖泊河流中直接排放的污染物不是影响水体的唯一因素——施加到流域周围的田地、森林或草地的化学物质最终也将汇集到水体中。

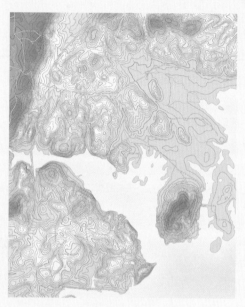

地形图能够表示海拔高度。

密西西比河是许多不同
流域的一部分。

马拉维人在麦克利尔角的村庄
买卖鱼类。

第三章

过度捕捞

世界上许多人都依赖淡水生态系统获取食物。比如，在非洲东南部一个叫马拉维的国家，低收入家庭动物蛋白摄入总量的 70%—75% 都来自鱼类。柬埔寨洞里萨湖的淡水鱼为该国人口提供了大约 60% 的动物蛋白。

洞里萨湖曾被称为柬埔寨"跳动的心脏"。它的资源供养了超过 100 万人口，其中包括许多一年中有部分时间生活在浮村的人们。在季风季节，洞里萨湖将涨溢至约正常规模的 5 倍。河水带来营养物质，这使洞里萨湖成为世界上生产力最高的湖泊

住在洞里萨湖的商贩正划船前往其他村民的家中。

之一，其鱼类年产量约为 27.2 万吨。然而，它也是世界上受威胁最严重的湖泊之一。对其周边鱼类产卵所在地——红树林的破坏、气候变化、水电大坝的建造和过度捕捞都威胁着洞里萨湖的未来，并进一步威胁到周围的人们。

当某种动物被捕获太多以致其数量无法自我维持时，即认为该物种被过度开发。人口增长或技术发展都可能导致物种过度开发。这些动物通常会被作为食物捕食。它们也可能被用于宠物交易或纯粹供人玩乐。有时人们会将一物种捕杀至灭绝，就如 20 世纪初的旅鸽那样。

如今的渔船和渔具比过去效率更高，因此可以捕获更多的鱼。事实上，自 1950 年以来，全球鱼类捕捞量翻了两番。一些捕捞方法由于效率太高，在某些地区已经被禁用。其中一种被禁用的方法是使用刺网，垂直分布的网几乎可以捕获一切游经它们的生物。另外一种被禁用的方法是使用海滩围网，即从海岸抛出大型浮网。

湄公河的巨型生物

在东南亚的湄公河流域系统中，一种曾经十分重要的经济鱼类，湄公河巨型鲶鱼，如今几近灭绝。这种大型鱼类体长可达 3 米，体重可至 300 千克，因此很受渔民欢迎。但是由于过度捕捞、河流筑坝以及栖息地的丧失，这种鲶鱼的数量现在已经减少了约 95%。在野生环境中，幸存者寥寥无几。

当鱼类被捕捞的速度超过其自我更新的速度时，能够存活到成年期的鱼将越来越少。鱼的平均尺寸也逐渐减小，迫使渔民捕捞越来越小的鱼，直到最后它们无法生长到足以繁殖的年龄就被捕捉。如此这般，鱼群的产卵数量减少，鱼群数量下降得更快。

很多湖泊的鱼类都被过度捕捞，尤其是在美洲中部和南部、非洲以及亚洲。在一些地方，过度捕捞已经导致了鱼类及其他以鱼类为食的动物的灭绝。对北美洲五大湖的湖鳟和太平洋西北部的鲑鱼的过度捕捞，导致其数量锐减。自20世纪70年代以来，与坦桑尼亚、肯尼亚和乌干达接壤的非洲维多利亚湖，渔民和渔船的数量翻了两番。2008年至2010年期间，维多利亚湖中所捕获的符合政府最小尺寸要求的鱼类数量减少了一半以上。

非法的捕捞方式

在叙利亚拉卡的幼发拉底河流域，非法的捕鱼方式已经将一些湖泊推到了灾难的边缘，使用炸药就是其中一种非法捕鱼方式。

炸药将鱼炸晕后使其漂浮到湖面。但它也破坏了起爆点所在的湖底，赶走了那里的其他鱼类。发电机也被用来产生电击捕杀鱼类。渔民用发电机可以捕到多达20倍的鱼。电击常常将尚未能够繁殖的小鱼杀死。在一些地方，渔民甚至使用诸如鱼藤酮这种毒药来捕鱼。而这有可能会对今后食用这些鱼的消费者造成伤害。

世界自然基金会已付诸努力，向毛里塔尼亚等非洲国家的村民传授可持续捕鱼的方法。

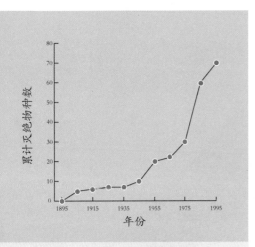

全球鱼类灭绝数据

我们很难确切地知道一种鱼类是什么时候灭绝的。但是，过去100多年来的数据显示鱼类灭绝的数量在二战后上升，且在1975年之后急剧增加。大约85%的鱼类灭绝都发生在过去50年间。栖息地破坏、外来物种入侵和过度捕捞是导致鱼类灭绝的主要原因。

叙利亚已经在打击这些非法捕鱼方式上取得了一些成果。2005年，为了改善达哈湖的状况，叙利亚政府更严格地执行打击非法捕鱼的法律，让渔民了解违法的后果，以及在禁止电击捕鱼的湖泊中饲养幼鱼。

鳄雀鳝的回归

20世纪以前，鳄雀鳝统治着美国中西部和东南部的河流。这些大型鱼类可以长到3米长，它们盔甲般的鳞片和锯齿状的牙齿使其成为可怕的捕食者。这种鳄雀鳝名声并不好。过去，人们称其为"河盗"，认为它们会吃掉供垂钓的鱼乃至人类，尽管并没有证据表明它们有过这种行为。渔民们数以千计地猎捕、射杀以及使用炸药伤害鳄雀鳝。

同时，它们产卵的湿地栖息地萎缩，并且在很多河流中，水坝和堤防阻挡了它们的迁徙。到20世纪初，鳄雀鳝变得极为罕见，而今天在某些地方它们已经面临灭绝的危险。在美国伊利诺伊州，鳄雀鳝被认

鳄雀鳝可重达 140 千克，一条雌性鳄雀鳝
在野生状态下可以存活长达 50 年。

为已经灭绝了。

　　如今，科学家认为（食物链中的）顶级捕食者，比如鳄雀鳝，在
维持生态系统的稳定中十分重要。没有它们，其他的珍贵鱼类会过
度繁殖，且由于食物竞争而生长受阻。一些研究者正试图拯救鳄雀

鳝。在美国伊利诺斯州，鳄雀鳝被投放在国际保护组织大自然保护协会名下一个叫作"生气蓬勃的滩地"的修复湿地中。科学家希望有朝一日它们可以帮助控制入侵的亚洲鲤鱼。到目前为止，亚洲鲤鱼似乎仍然十分猖獗。也许有一天，"河盗"将再次统治伊利诺伊州及其他州的河域。

湖鲟的胜利

湖鲟是一种古老的鱼类，可以追溯到恐龙时代。它可以生长至 2.4 米以上，重达 90 千克。这种鱼有着长长的鼻子和骨甲。它的身影遍布整个大湖区盆地，曾一度在北美五大湖里十分繁盛。

直到 1850 年，许多渔民都认为湖鲟是一种讨厌的东西，并对其进行捕杀。后来，人们开始热衷于将湖鲟作为食物并进行商业化捕捞。从 1879 年到 1900 年，每年从五大湖里捕捞的湖鲟超过 1800 吨。伴随着如河流筑坝和栖息地丧失等其他因素，过度捕捞导致湖鲟数量急剧减少。现今，在美国湖鲟生长的 20 个州中，有 19 个州湖鲟种群受威胁濒临灭绝。

但湖鲟仍有希望。超过 40 个团队正在共同努力保护、拯救这种鱼类。一些州会在湖鲟产卵期对其进行保护。其他州也正在寻找让湖鲟越过大坝或其他阻碍物的方法。幼鱼作为鱼种被饲养在某些地方以促进此鱼数量的增长。加拿大则通过禁渔期、尺寸限制和渔具管制来增加捕捞难度，以保护湖鲟。

这些保护措施效果良好。尽管湖鲟的数量仍然很少，但在经历多代繁衍后，五大湖区的湖鲟数量似乎在慢慢恢复。湖鲟的恢复是人们所创造的一个成功案例，但这仍需要人们的继续努力。

白鲟

白鲟是另一种鲟，但它不像湖鲟存活得那么好。白鲟生活在里海，人们为了制造美味的鱼子酱而捕杀它们。雌性白鲟 20 岁后才会产卵，且每 3—4 年才产一次卵。世界上绝大多数的鱼子酱都来自白鲟，并且需求量很大。尽管法律对白鲟的捕捞进行了规定，但渔民们仍会非法捕杀，导致白鲟数量持续减少。

狼群的回归

19世纪末20世纪初，为了保护家畜和受猎人们喜爱的野生动物，比如鹿，美国怀俄明州、蒙大拿州和爱达荷州黄石国家公园内的灰狼遭到捕杀。这导致了一系列意料之外、不可预期的事情，即营养级联效应。

灰狼消失后，鹿的数量越来越多。没有了灰狼的驱逐，它们比往常任何一个冬天都更频繁地食用河底或河漫滩上的植物，诸如柳树、杨树之类的幼树。这使得同样以柳树为食的海狸能获取的食物减少。

直到1995年灰狼被重新引入黄石公园，人们才意识到它们对生态系统产生了多么重要的影响。灰狼改变了鹿的习性，将它们赶出易于聚居的山谷和峡谷。仅仅6年内，这些地方的树木就比原米长高了5倍。这些新的森林吸引了鸣禽和海狸。海狸建造的水坝形成了池塘，又吸引了麝鼠、水獭、鸭子、鱼和青蛙。另外，灰狼杀死了郊狼，导致老鼠和兔子以及它们的捕食者，如隼、鹰、狐狸和獾等动物数量的增加。熊在新森林里以浆果和灰狼留下的动物尸体为食。同时，灰狼还帮助控制了鹿的数量。

令人惊讶的是，甚至连河流也因为灰狼的回归而发生了变化。这些顶级捕食者的回归带来的影响远远超乎任何人的想象。

黄石国家公园的研究者仍在持续研
究狼群是如何影响生态系统的。

位于欧文斯山谷的洛杉矶引水渠就是地表水引流的一个例子。

第四章

水流改道

地表水引流（如利用沟渠或管道引流）是影响河流和湖泊流动的另一种因素。这些引流措施将水引去用于灌溉、饮用、发电、运输等。引流设施会威胁到鱼类和其他野生动物的生存，尤其是在干燥的气候条件下。河流下游群落也因此受到影响，它们必须应对更低的水位。引流设施致使鱼类和其他野生动物数量减少。

农作物灌溉用水约占美国淡水使用量的 39%。在气候干燥地区或降雨间歇时段，农民可以通过灌溉来种植作物。大部分灌溉用水用来种植那些可作为动物饲料的谷物。这些水不仅直接用于浇灌植物，还被用于施用化学药剂、除草、泡田、收割、降尘和除盐。有些水还被用来灌溉高尔夫球场、公园、植物苗圃以及墓园内的植物。

不幸的是，一些灌溉方法使得施用的水分大量蒸发。另外，喷洒到田间的化学药剂和水分蒸发时留存在土壤中的盐也常常污染灌溉水。

早期的农民以一次倒入田间一桶水的方式进行灌溉。同样地，世界上许多地方仍在使用漫灌法。这种方法通过让水流入田地实现灌溉，是最简单、最便宜的灌溉方法。但漫灌十分浪费水资源，因为它使用的水远超实际需水量。

更高效地利用水是减少人们对湖泊和河流的需求的一个办法。研究表明通过使用节水方法，可以减少一半的农业用水量，而不会给作物

热污染

有一种污染不被大多数人认为是污染，那就是热污染。湖水常被用在发电厂、钢铁厂和化工厂中的产品冷却或工艺冷却中。这些水吸收了热量，当它们被释放回湖中时，会将热量传递到周围的区域。温度较高的水所含的溶解氧比温度较低的水少，因此能被该区域生物所利用的氧气就比较少。即使温度有微小变化也会影响到动物的新陈代谢或植物的生长。

由于气温高、降水量少，美国西部的灌溉用水要多于东部。

带来任何负面的影响，如仅在植物需要时进行灌溉且以减少蒸发的方式运输灌溉水。比如，滴灌法采用带有小孔的塑料管运输水。这些管子设置在一排植物旁，甚至是地下，当水流经管道时水就可以滴出来。这种方法尽量减少水分蒸发，用水量可比漫灌法减少 25%。

喷灌是另一种常用的灌溉方法。在这个系统中,管道将水输送到一系列喷枪中。但在非常干燥的气候中,例如美国西南部,一些喷出的水可能在到达地面之前就蒸发了。因此产生了一个看起来非常相似的新系统——中心支轴式低能耗精密喷灌系统。但它并没有将水喷到作物上空,而是直接把水轻轻地喷到作物上。这个系统对水的利用率高达90%,大大减少了浪费的水量。

科技还有助于改进灌溉效率。传感器可以用来测量土壤含水量和土壤水张力。根据这些测量结果,可以实现仅在作物需要时给水。测量土壤的持水能力可以帮助农民了解作物所需的灌溉频率和灌溉水量。

至少对某些农作物来说,还有一种更好的解决方案——一种被称为旱地耕作的技术。旱地耕作可以追溯至几千年前的地中海地区。由于干旱和日益减少的供水使灌溉变得越发困难、昂贵,这项古老的农业技术正在加利福尼亚州和美国其他西部各州展现出新的生命力。干旱地区的农民在土壤湿度较大时耕土,以形成松软的土层,然后用滚压机压实土壤顶层锁住水分。

在干燥的季节,植物必须依靠这些被截留的水分生存,也因此形成了比灌溉植物更深的根系。葡萄、南瓜、苹果、西红柿、土豆以及许多其他作物都可以成功地在加利福尼亚州进行旱作。它们的产量可能减

耕作是所有商业化农业生产中的常见操作。

少，水果和蔬菜的个头通常也更小，但尝起来更甜、更有风味。干旱土壤中的杂草很少，因此人们更少除草或使用除草剂。

垂死的大海

中亚的咸海展现了调水引流对水体产生的巨大影响。咸海曾经是世界第四大湖，但几十年来，人们从咸海中调水作为灌溉和工业用水，如今咸海已经缩小到原来的 10% 左右。20 世纪 60 年代，苏联的工程师们将汇入咸海的两条主要的河流阿姆河和锡尔河改道引流进入沙漠。他们在哈萨克斯坦和乌兹别克斯坦建造了水坝、水库和运河来灌溉棉花和麦田。但这一系统会发生泄漏，且并没有把水重新引回河流，而这些河流是湖泊的命脉。咸海的湖面开始萎缩，随着水分减少，盐分开始浓缩，湖水变得越来越咸，最终比海水还要咸。现在，湖泊其余的部分只剩下一

建造礁石

在圣克莱尔河和底特律河，人工礁石渐渐成为鱼类的新居所。疏浚连接休伦湖和伊利湖之间的水道可以使船只更容易通过，但这同时也会清除露出地面的岩石，那是许多本土鱼类的产卵地。新的礁石由 0.6 米高的岩石堆组成，可覆盖 4000—8000 平方米的河底。湖鲟、碧古鱼和湖白鲑等鱼类很快开始利用这个新的栖息地，人们认为这一项目是成功的。

片尘土飞扬的盐荒地。

由于湖泊咸度的增加和栖息地的急剧萎缩，数以百万计的鱼类死亡。渔业和麝鼠毛皮业因此而终结。从前沿着咸海海岸线分布、以这些产业为生的社区发现自己被困在离剩余水域数千米的地方，谋生之道已不复存在。

化肥和杀虫剂污染了剩余的水，来自湖床的含盐粉尘被吹到附近的田地。粉尘中含有化肥和农药残留，这可能会导致人类健康问题。由于大型湖泊可以通过吸收热量以及向空气中散发水分来影响当地气候，咸海的萎缩甚至改变了其所在地区的气候模式，导致冬季更冷、夏季更热更干燥。

为了修复部分损害，哈萨克斯坦在咸海的南部和北部之间建造了一座水坝。它完全切断了咸海的南北两部分，但咸海北部的水位因此而上升，咸度降低。慢慢地，湖泊的这一小部分逐渐恢复，成为咸海萎缩这场大悲剧中一个微小的成功。

湖水的流入与流出

湖泊里的水有 3 个主要来源：降水（雨或雪）、溪流和河流的汇入以及地下水。一些湖泊还有冰川融水流入。在封闭的湖泊系统中，水只有蒸发这一条去路。而在开放的湖泊系统中，除了蒸发以外，水还可以通过地表的河流、溪流或者地下水流出湖泊。

工业用水

生产食品、纸张、化学品、石油产品和金属制品的工厂需要使用大量的水。这些水用于制造产品、加工、清洗、稀释和冷却。全球用水量的 20%，包括美国用水量的 7%，都与这些行业有关。在这 7% 中，有82% 来自地表水。到 2025 年，全球工业用水量预计翻两番。

瓶装水之战

世界上数百万人购买瓶装水，因为他们认为瓶装水比城市自来水更干净、安全、方便。但事实真是这样吗？

尽管这些瓶子可能带有山泉的图片，但实际上只有大约 55% 的瓶装水确实取自天然泉水。另外 45% 的瓶装水主要取自城市用水，也就是自来水。很大一部分的瓶装水来自缺水的地方，如加利福尼亚州。此外，制作塑料瓶需要用到大量的水和石油，且会产生额外的污染和浪费。为了节约用水，专家建议购买可重复使用的瓶子，从水龙头接水喝。

研究表明，通过提高用水效率，工业用水量可以减少 40% 至 90% 而不产生任何重大负面影响。人们也为此做出了许多改进。例如，在过去 70 年里，钢铁厂的用水量减少到原先的 1/16 至 1/10。通过教育员工如何节约用水、查找系统渗漏点、给软管加装截止阀、增加小流量水龙头以及选用节水型设备可以减少水的使用。水还可以进行储存、再利用，而不是被丢弃。

2000 年至 2012 年间，福特汽车公司在美国的用水量减少了 71%，在全球范围内的用水量减少了 62%，由此节省了401 亿升水。他们通过使用一种新的零件

与瓶装水相比，环保人士更建议购买可重复
使用的水杯，来帮助改善环境。

加工方法实现了这一目标。这种方法使用的水远少于之前，因此产生的
需处理的含油废水也更少。福特公司还整合了喷漆过程中的两个步骤，
建立了一个水处理系统，使得公司能够将多达 65% 的废水再利用，用
于冷却、清洁和灌溉等。

家庭用水

尽管生活用水在总用水量中所占比例比农业用水或工业用水小得多，但它同样会影响湖泊、河流和水库中地表水的供应。生活用水用于饮用、冲厕、洗澡、做饭、洗衣服、水池补水、浇灌草坪和花园。

研究表明，在不影响人们生活方式的情况下，城市和家庭用水可以减少 30% 以上。这些变化可能包括更高效的管道或装置，以及减少浪费等用水方式。

安装小流量淋浴喷头、低冲量抽水马桶和其他类似的节水装置，可以节约大量的水。循环利用废水也能节约大量的水资源，许多社区现在将处理过的废水用于工厂、灌溉和饮用。

节约水、能源和金钱

加拿大的一家纸巾公司发现，走绿色环保道路每年可以为该公司节省 2400 万加元的资金。该公司的一家造纸厂通过用再生纤维代替新材料，直接再利用水或使用过滤后的水，每年可节约约 98 亿升水。总体而言，该公司的用水量仅为同类公司的五分之一。

地下水利用

地下水存在于含水层中。含水层是可储存、传输水的渗透性岩石区域。当降水通过土层渗透到下面的岩石中时，含水层就会被填满。当地下水的使用速度超过降雨或融雪的补给速度时，就会造成缺水。最终，如果含水层持续处于缺水状态，地下水就会消失。这不仅仅会导致水井干涸，还会影响需要地下水补给的河流和溪流。

如果某一水平高度以下的土地均被水浸透，那么称该水平高度为地下水位。如果河床位于地下水位以下，水将从土地渗入河流。这在干旱时期尤其重要，因为此时很少有雨水进入河流。反之亦然，来自湖泊、河流和溪流的地表水可以渗入周围的土壤，帮助补充含水层。地下水流向湖泊、河流和溪流的方向受降水量、地上水位、地下水位和温度的影响。

美国爱达荷州的大洛斯特河的河水从河流流向含水层。这条河中的水从山谷中流出，流入斯内克河平原，在那里它渗入地下含水层后消失。然后水经地下流入斯内克河峡谷，形成峡谷峭壁上的泉水，汇入斯内克河。像这样的地下水资源对维持斯内克河的流量非常重要。尽管由于灌溉改道，爱达荷州中南部的米尔纳大坝以南约 50 千米处的河水几乎干涸，但千泉州立公园区域的泉水每秒将超过 14 万升的水抽回河中。

自流井是在含水层中钻探的，其上下都有一层不透水的岩石。由于水压的存在，钻井时，不需要泵井水就可以自行喷出。

位于得克萨斯州奥斯汀的曼斯菲尔德
大坝是为了帮助控制洪水而建造的。

第五章

筑坝拦水

水坝是为了拦截江河水流而修建的构筑物。水坝可以调控洪水、放水灌溉农田、进行水力发电（当水流使涡轮机旋转起来时电就产生了）并形成水库。但水坝在给人类带来众多好处的同时，也可能危害淡水生态系统。这些巨大的构筑物，阻碍了鱼类的迁徙，使得河水中的沉积物、养分以及水流本身难以在河道中自然流动。

全世界有超过 45 000 个大型水坝阻碍了河流的正常流动，影响到世界上 60% 以上的大河流域。还有约 80 万个水坝阻断了其他一些稍小的河流，其中美国就有 10 万个。这些水坝对河湖溪川的水流有很大的影响，有的科学家甚至认为水坝已经影响了地球自转的速度和角度。

美国地方法院下令拆除斯内克河下游大坝以保护当地的鲑鱼。

水坝带来的一个主要问题是它们改变了河水的自然流淌模式，使得河水中大量的粗泥沙沉积下来而不能顺水向下游流去。低含沙量的水流流经水坝下方时会对该区域造成一定的侵蚀。河水沉积物含量的变化则可能使适宜鱼和无脊椎水生生物的卵和幼体生存的栖息地不断减少。另外由于遇到水坝而沉积下来的沉积物中可能聚集着高浓度污染物，当放水时，这些污染物就会对下游区域造成影响。除了沉积物，水坝还使得粗木质残体不能正常顺流而下。粗木质残体可以为鱼类提供藏身之处和食物，并使沉积物得以正常沉淀下来。

水坝也阻碍了鱼的迁徙移动。因此水坝运行者们必须找到一些方法，避免鱼跑到涡轮机及水泵里。诸如筛网之类的屏障可以起作用，但当水流太大时又会产生新的问题。闪光灯可以驱赶鱼群，但也会吓跑洄游的鱼群。声波发射器在这方面有一定前景——它们可以发出高频噪声吓跑某些鱼种。

水坝修得越高，产生的能量越多，流过涡轮机的水量也会影响其产生的动力。

创造性的解决方法

虽然完全拆除水坝不太现实，但一些新的管理方法可能将负面影响最小化。比如开坝放水时间可以尽量调整至与河水自然流动相匹配。当泰国帕穆水坝下游的人们抱怨捕鱼量不断减少时，专家们就尝试开闸，放出更多水量。一年后不仅水库水量比较平稳，多种植被以及超过 152 种鱼类都开始重新出现在下游河流中。

船闸工作原理

船闸能使船只从高水位区域运行到低水位区域，反之亦然。这是通过将水锁在两道闸门之间的闸室内得以实现的。当船靠近时，船行驶进入闸室。船闸充水或者放水使得闸室内的水位升高或降低，和另一面的水位持平。然后，船闸打开，船只继续行驶。

水坝造成的另一个主要问题就是它们阻碍了鱼类向上游洄游繁殖，如鲑鱼。目前常用的解决方法有几种。鱼梯，指的是一级级的台阶，每级台阶上都有个供鱼类休息的水塘，鱼类通过水坝时可以一级级地跳跃

西鲱鱼的故事

阿拉巴马西鲱鱼是一种生活于美国东南部的淡水鱼，它们正受益于一种新的方法——保护性锁定。这种方法用运输船只的船闸来运送鱼类，使得鱼类能够游向上游产卵。在佛罗里达州的阿巴拉契科拉河上，工程师们在船闸上又加了水泵，因为水泵发出来的声音可以吸引鱼类。即使没有船只经过船闸，他们每天也会开关船闸两次，好让鱼通过水坝。这种方法实施一年后，西鲱鱼的数量增长了 12.2 万条。

而过。理论上来说，鱼梯能够使鱼在河流与水库之间正常移动，但大多数情况下，鱼梯并不那么有效。研究显示，真正成功通过鱼梯完成迁徙的只有极少量的鱼。大多数试图跳过台阶的鱼，最后不得不顺流而回，并且它们常常被水坝的涡轮机杀死。开槽沟的鱼道与之类似，但看上去更像滑槽，在鱼向前移动经过时，有地方可供其休息喘口气。另外一种方法就是使用封闭提升系统，在鱼移动进入水位高或低的地方之前，把鱼先关进一个封闭室内，再行移动。在某些地区，人们甚至先捕获鱼，再用电车、驳船或卡车将鱼运过水坝。但不幸的是许多大型水坝，例如位于密苏里河上的水坝，根本没有鱼梯，这使得密苏里铲鲟这类洄游的鱼类处于岌岌可危的境地。

拆除水坝

为恢复淡水生态系统，一些地方的水坝已被拆除，自 1912 年以来，美国约有 500 座水坝被拆除。这些水坝中的大多数都是小型水坝。其中最大

在美国，包括鱼梯在内，约有 200 万个人造鱼类屏障。

的一座是爱达荷州克利尔沃特河上的格兰奇维尔水坝。这座高 19 米的水坝被拆后鲑鱼可以自由洄游至上游。法国、拉脱维亚、捷克以及澳大利亚的一些水坝也被拆除，旨在恢复鱼类和其他野生动物栖息地。

　　缅因州肯纳贝克河上爱德华兹水坝的拆除是一个成功保护的案例。在水坝修建的 1837 年前，大西洋鲑鱼、鲱鱼、鲟鱼、条纹鲈鱼以及其他许多鱼种都沿着这条河流迁徙。新水坝虽然给当地的工厂提供了电力，但对渔业捕捞造成了巨大影响，鱼类捕捞量从原先的每年 66 000 千克降到了 1880 年的每年约 2500 千克。

2015 年，美国一地区法官要求当地一家制药厂负责清除佩诺布斯科特河里的汞。

1989 年肯纳贝克联盟开始筹集拆除水坝所需的 300 万美元资金。从 1999 年开始，水坝分三步被拆除。水坝被拆之后，水里又出现了鱼群，鱼鹰、秃鹰、大蓝鹭以及其他野生生物随之而来。

另外一条位于缅因州的佩诺布斯科特河也同样在水坝拆除中获益。该河上的一系列水坝建于约 100 年前，它们阻碍了大西洋鲑鱼、西鲱、鲟鱼、鳗鱼、灰西鲱和其他一些鱼类的迁徙。2012年和2013年，在佩诺布斯科特政府、两个水力发电公司、多个保护组织以及州和联邦机构的共同努力下，下游的两个水坝被拆除。2016年，人们在现存的一个水坝旁边修建了一条人工河，让鱼群绕过水坝通过。

这项工程使得鲑鱼以及其他鱼类在河流溪流中多游1600千米。鱼群迅速繁衍起来。到2016年，这条河里据估计已有约8000条西鲱，内河鲱鱼的数量也从零激增到了200万。这些鱼给该地区的其他野生动物和渔民提供了食物。因为其中许多鱼类迁徙到海洋，所以它们在海中的数量也有望增加。

令人惊奇的是，由于对现存水坝的升级更新，该地区的水力发电量实际上有所提高。这对鱼类以及那些从增加的水力发电中获益的人来说，都是一个胜利。

河流的通过

涵洞常常修建于路的下方，让流水通过。但涵洞通常太窄太浅，或者又高于河床，像溪红点鲑这样的鱼类难以迁徙越过。鲑鱼通常会在夏季向上游清凉的水域迁徙。如果通道被堵，它们将面临高温和过度拥挤的危险。

现在环境保护科学家们正致力于研究应该调整或拆除哪一类涵洞，以让鱼类能更容易通过。比如，在纽约的奥塞布尔河流域，几个涵洞已被桥梁替代。相较涵洞而言，这些新建的桥梁不仅能让鱼畅通无阻地通过，而且不容易被垃圾等淤堵，维护起来更经济合理，有望使用百年之久。

大约 20% 的亚马孙热带雨林
遭到了砍伐。

第六章

森林滥伐的危害

森林滥伐——砍倒树木以获取木材或者进行农业生产是另外一项危及湖泊、江河与溪流的人类活动。每年全球有约 13 万平方千米的森林被砍伐。这一进程影响了许多城市的饮用水供应，也对许多湖泊、河流生态系统造成了一定影响。

湖泊周边的土地对水质有极大的影响。湖泊、江河周围的森林、湿地、草地以及河漫滩能吸收雨水，防止洪水泛滥。滨水区是天然过滤器，能在沉淀物和其他污染物到达湖泊河流之前将其过滤收集。

树木的作用

树木能提供许多有用的产品，如木材、纸张、水果、坚果、橡胶以及药物。它们带给我们美丽，为我们遮挡阳光。但树木的作用远远不止于此。树根可以固定土壤，使土壤保持稳定不流失。如果山坡上的树被砍掉，岩石崩落和泥石流就可能发生。在较为平坦的土地上，裸露的土壤可能被雨水冲走，或者被晒干继而被风以尘土形式吹走，土壤中有价值的营养物质也随之流失。

树木还能通过遮挡、吸收阳光，帮助地球调控气温。当树木进行光合作用时，它们能从土壤中吸收水分，然后使水分回归大气。没有树木，地球将会变得极其炎热干燥。树木还能吸收温室气体之一的二氧化碳，并将其转化成人类和动物呼吸需要的氧气。

树木可以保护湖岸或河岸。如果因为建设或农业生产而砍伐森木，江河湖泊就更易泛滥。它们的水体变脏，污染加重，最终导致生产能力降低。

沉积过程则可能影响某些鱼类产卵。鱼类可能更难找到彼此进行交配，而且淤泥满满的河床也可能不适合产卵。一些鱼类可能更难寻找到食物，比如鲑鱼幼苗。淤泥甚至会堵塞鱼鳃，使得它们窒息。总之，靠近河底或湖底生活繁衍的鱼类受沉积过程的影响最大。

科学家对加拿大一受酸雨影响的湖泊进行了研究，发现森林地区为鱼类提供了更多的食物。在安大略省附近的黛西湖，生活在较多森林覆盖区域的鱼，比生活在较少森林覆盖区域的鱼更肥更大。科学家们认为这是因为森林区域的植物碎片会掉落进水里。细菌以这些植物残片为食，同时细菌又是微型浮游生物的食物来源，然后小鱼靠吃浮游生物为生。许多鱼类，如鲶鱼，也把有植物碎片的区域作为它们产卵及休憩的场所。

北卡罗来纳州米切尔山上的树木被酸雨所毁。

表 1　世界十大淡水湖

序号	湖名	所在洲	面积（平方千米）
1.	苏必利尔湖	北美洲	82 413
2.	维多利亚湖	非洲	69 484
3.	休伦湖	北美洲	59 596
4.	密歇根湖	北美洲	58 016
5.	咸海	亚洲	33 670
6.	坦噶尼喀湖	非洲	32 893
7.	贝加尔湖	亚洲	31 499
8.	大熊湖	北美洲	31 080
9.	尼亚萨湖	非洲	30 044
10.	大奴湖	北美洲	28 570

水的变化

森林滥伐可改变湖泊、江河、溪流中的化学成分，因为土壤可释放可溶性的矿物质和养分。下雨时，这些化学成分被雨水携带流进湖泊江河。无森林覆盖区域的水体中硝酸盐的含量比有森林覆盖区域高。与磷酸盐相似，硝酸盐会引起藻类及其他植物的过度生长，导致水体富营养化。

其他一些成分可能同样被释放到水中。比如在亚马孙河流域，一些森林被砍伐地区的土壤释放汞到水里。这种有毒物质沿着食物链逐渐富集，危及当地以鱼类为食的人们的健康。

森林滥伐后，水温也会稍微升高，因为不再有伸出的树枝给水遮阳。而温度的变化，会对鱼类及其他水生生物的生长繁殖造成一定影响。

森林正以惊人的速度减少。每分钟被摧毁的森林面积近似于数十个足球场的大小，其面积每年累计超过 10 万平方千米。

气候变化

过度地砍伐森林甚至会改变气候。2010 年的一项研究发现，森林滥伐导致了占总量 17% 的温室气体的排放。也就是说，二氧化碳和甲烷等气体的排放造成了全球气候变化。焚烧林木不仅排放了更多的二氧化碳到大气中，也使

严格地讲，世界上最大的湖泊是里海。罗马人把它称为海，因为它的水是咸的，但地理学家认为它是一个湖，因为它完全被陆地包围。

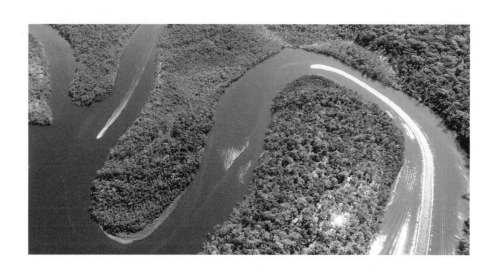

亚马孙河流域面积约占南美洲面积的 40%。

热带雨林是世界上一半动植物的家园。但约一半的热带雨林已被砍伐，对许多物种的生存造成了威胁。

通过光合作用来清除二氧化碳的树木数量减少。此外，裸露的土壤接触了更多的阳光，土壤温度升高，使得微生物活动加快，这又使土壤里更多的碳被转换成二氧化碳，而其中一部分二氧化碳则又被排放到大气中。

森林滥伐使亚马孙河流域的气候变得更干燥、更炎热且更难以预测。森林滥伐还影响了该地区的降雨量，从而影响了整个流域的水量。由于森林滥伐，亚马孙河流域雨季到来的时间也被推迟，每 10 年大约推迟 6 天。

森林滥伐与气候变化就这样一起陷入恶性循环：由于全球气候变化导致更长时间的干旱，更多树木死亡，森林更易发生野火。反过来这些死去的树木又减少了返回到大气中的水分，从而加重干旱。

扭转趋势

大自然保护协会是一个致力于应对森林砍伐与栖息地退化的组织。它的水资源基金项目鼓励人们投资、保护上游的水资源以保证其自身所处城市的供水。如在拉丁美洲，用水大户如市政供水公司、甘蔗种植协会、酿酒厂以及其他一些部门可以给水资源基金会捐赠。捐赠的钱用来重新栽种树木，帮助农业人口开辟更多有机种植园或者开展一些不太耗水的小项目。在一些地区，基金会会付钱给当地农民，让他们去保护并恢复水岸林。这些项目都是基于这样的理念：从源头上阻止问题产生总比事后解决问题要省钱省力。这种对未来的投资已经开始产生回报。

刀耕火种

清除热带雨林的常用方法就是刀耕火种法。这种方法正如它听上去的那样：砍倒树木，放火烧掉剩下的植被。这种做法通常用来将林地改为农业用地，大多数时候都是非法的。不幸的是，雨林地区的土壤不太肥沃。虽然烧掉树木后的草木灰里面有一些养分，但很快就会减少。这块清理出来的土地常常在几年内就被放弃或者转为牧场，农民又得继续开拓其他林地。

刀耕火种法的另外一个副作用就是火势可能蔓延到人们的预期范围之外，烧死周边森林的下层林木和灌木丛。而这些遗留下来的已死的树木使森林更容易在未来发生更大的火灾。

水循环

地球上大多数的水都处于不断的运动中，这种运动模式叫水循环或水文循环。空气中的水冷凝形成云，然后以雨或雪的形式降落到地面，其中一部分渗入地下成为地下水，一部分则流进湖泊、江河、溪流，还有一部分则被植物吸收。

江河里的水流向大海。太阳释放的热量使得海洋、湖泊、江河以及土壤中的水蒸发到空气中，被植物吸收的水也会随着植物的呼吸被释放到空气中。随着潮湿空气上升，水分冷却，又凝聚成云，成为降水。这样的循环持续不断地进行着。

冷凝

蒸发

降水

在这一循环过程中，水可以被传送到数千千米之外。

地球上的湖泊正在一年年地变暖。

第七章

变化的气候

气候变化是一个术语，用来描述由于大气中日益增加的某些温室气体所导致的地球气候的变化。许多温室气体是由煤炭、石油、天然气等化石燃料燃烧所产生的。它们能在大气层里捕获热量，导致地球平均气温逐渐升高。

气温升高改变了全球的天气模式。比如为全美生产了丰富食物的加利福尼亚州，正经历着长期的干旱困扰，干旱导致了对用水权的激烈争夺。加州的许多地方原本就很干旱，气候变化使干旱更趋严重。2016年，加州人口为 3940 万，到 2055 年可能会增加到 5000 万，不断增长的人口以及农业生产需要更多的水资源。

气候变化主要发生在过去的 35 年里。2001 到 2017 年占了人类有史以来 17 个最热年份当中的 16 个!

气候学家指出,到本世纪末,地球平均气温可能上升 1.5—5.8 摄氏度。暖冬的气温将导致冰雪覆盖变少、融雪时间提前,也将改变洪涝与干旱模式,并对江河湖泊产生巨大影响。较高的气温使水蒸发得更快,并导致降雨量减少。到 2050 年,将有 10 亿城市居民,尤其在一些资源较匮乏的国家,每人每天只能用 100 升的水——还不到一浴缸水的三分之二。

美国国家航空航天局的一项长期研究表明,气温变化使得湖水的温度每 10 年增加约 0.34 摄氏度,这是因为水有蓄热功能并且湖水水量在减少。这一速度比大气和海洋的变暖速度都快。温度变化速率最高的区域出现在高纬度地区。那里湖水的温度平均每 10 年升高 0.72 摄氏度。北方湖泊的冰层也在当季早些时候开始融化。

这些数字听起来可能微不足道,但即使是很小的水温变化也会影响水生生物的生存与繁衍。藻华现象在下一世纪的发生率预计会提高 20%,这将导致甲烷气体排放量增加 4%,而甲烷对气候的影响比二氧化碳更大。湖水越温暖,小型鱼类的繁殖周期越短,这已导致一些湖泊里的优势鱼种发生转变。

水温的变化也会导致当地气候发生其他变化。比如湖面上冰层覆盖量会影响热量和水分的释放与吸收。冰雪反射热量，而地表水和土壤则吸收热量。冰雪也会影响阳光穿透水体的程度，从而影响水生动植物的生长。

变化中的湖泊

坦噶尼喀湖位于东非，它含有的淡水占世界液态淡水总量的 18%。该湖每年出产约 18.1 万吨的鱼，占该地区人口所消耗的动物蛋白总量的 40%。然而，坦噶尼喀湖的鱼类数量正在不断减少。

温室气体

一些气体可以吸收热量并将其留在地球的大气层中，这些气体就是温室气体。常见的温室气体包括二氧化碳、甲烷、氧化亚氮以及一些氟化气体，其中二氧化碳的含量最高。煤炭、石油、树木以及其他含碳物质在燃烧的过程中会产生二氧化碳。牲畜、腐烂的垃圾以及化石燃料的生产与运输会排放甲烷到大气中。农业生产活动以及化石燃料燃烧过程中会排放出氧化亚氮。氟化气体则主要由工业生产排放。

2016 年对坦噶尼喀湖的一项研究表明，气候变化已明显影响该湖产鱼量。研究者们研究了该湖沉积物中的化石，来追踪过去 1500 年里鱼类的数量。结果表明，当湖水水温在 19 世纪开始上升时，鱼的数量就开始下降了。

随着湖水变暖，湖床的氧气开始变少，生活在湖底的淡水螺之类的动物就会死亡。升高的水温也阻碍了构成湖泊的 3 个主要层的混合，湖

湖泊分层

大多数湖泊都可以分成 3 个主要区域：沿岸带、湖沼带（湖泊透光层）以及深底带。沿岸带由浅水区构成，那里阳光可以照射到湖底，使得有根系的植物得以生长；部分阳光可以穿透湖沼带，浮游生物这类小型动植物可以在此生存；没有阳光能抵达湖泊的深底带。只有少数特别适应的生物能够在深底带生存。

泊各层之间混合的减少意味着到达湖水上层的营养物质减少，这就会影响生活于上层的藻类及草食鱼类的生存；到达湖底的氧气变少使得生活于此的软体动物和节肢动物数量也减少。科学家们声称，任何改善坦噶尼喀湖的计划都要考虑到这一因素。他们指出其他湖泊也正经历同样的变化过程。

消失的湖泊

乍得湖曾是世界第六大湖，也曾是非洲第二大湖。然而自 20 世纪 60 年代以来，乍得湖面积已经缩减了 90%，主要原因是气候变化以及对水资源的过度使用。气候变化导致该地区干旱周期延长，降水量减少。乍得湖的萎缩威胁着生活在其流域的 3000 万民众的健康与生计。

2014 年，乍得湖流域的 5 个国家从非洲开发银行获得了 7880 万美元的贷款，用来保护水资源，发展可持续产业并巩固提升现有项目。其目的就是以可持续发展的方式加强经济发展，保护湖泊资源。这一极其重要的资源在遭到严重破坏之后能否恢复，只有时间才会给出答案。

埃尔西诺湖的恢复

20 世纪末，位于南加州的埃尔西诺湖面临着众多问题。由于湖水的蒸发速度超过湖水的补给速度，湖水水位每年都降低数厘米；除此之外，从圣哈辛托河流域流入的污染物导致了大规模的藻华，耗尽了湖水中的氧气。除了鲤鱼和一些耐受性强的鱼种，很少有鱼类能在这样的条件下存活，因此大批鱼类死亡。其中底栖鱼以鲈鱼、鲶鱼等更诱人的鱼类的卵为食，它们的死亡数量更为巨大。

这一切都在 2000 年的春季发生了改变。加州的选民们通过了一项全州范围的水债券，该债券为修复埃尔西诺湖及其流域提供资金。地方官员们还在湖水中加了水泵、曝气管道和能混合湖水的风机等来搅动湖水并增加湖水中的氧气。2003 年，每天有约 3000 千克的鲤鱼被清除出该湖。到 2008 年，鲤鱼只占该湖鱼群数量的 43%，与该项工程刚开始时的 90% 形成鲜明对比！

随后 3 个地下泉眼得以恢复，每年给该湖输入了超过 38 亿升的地下水。人们新建了一座污水处理厂来净化排入湖中的污水。现在每天约有 1700 万升的再生水经由全新管道排入湖中。人们还疏浚了附近的坎宁湖，以防止这个湖泊的沉积物流入埃尔西诺湖。最后，他们还将成千上万条的条纹鲈鱼放入该湖来平衡生态系统。这项工程是一

自 19 世纪以来，世界范围内的平均年气温上升了约 1.1 摄氏度。

埃尔西诺湖位于与它同名的埃尔西诺市。

场巨大的胜利。如今，埃尔西诺湖已经成为一个露营、垂钓、划船爱好者常去的旅游胜地，也是其他湖泊恢复改造的一个典范。

科罗拉多河的气候变化

科罗拉多河从落基山脉开始，一直向南蜿蜒 2000 千米流入加利福尼亚湾，为 3000 万人供水。沿河至少 70% 的水量被用来灌溉 1.4 万平方千米的农作物。等到河流到达加利福尼亚湾河口时，河水已经消耗殆尽。对于剩余的水而言，坏消息也在等着它们：科学家们预测，气候变化会减少落基山脉地区的降水量，延长干旱期，加快水分蒸发。这些变化在未来的 40 年里可能会使科罗拉多河的水量减少 5%—20%。

亚洲鲤鱼被美国环境保护局认定为入侵物种，
它们对五大湖区的本土物种造成了巨大威胁。

第八章

入侵物种

入侵物种对许多湖泊及河流的威胁正不断增长，这些非本土物种被引入某一地区，对本土物种及栖息地本身造成了伤害。在湖泊里，外来植物、鱼类以及其他动物的引入，都可能导致本土物种灭绝或濒危。

入侵物种多是人为引入，可能是蓄意而为，也可能是无心之举。现在的问题鱼种中有一些可能是从较小的饲养池中逃脱出来的；另一些是有人为了好玩故意放到湖泊中的；还有一些是水族馆的主人们放生的。

运河是入侵物种进入淡水湖的另一种重要途径。千百年来，人们一直在寻求各大洲之间运输货物的捷径。作为连接大片水域的人造水道，运河被证明能很好地满足这一需求。

有的入侵物种可以吸附在船底。当船只从某一水域驶入另外一水域时，这一物种就被扩散开来。

　　但运河也造成了一些新问题。以前不相通的水道被连通后，水中的生物更容易在不同水体之间游动。一些生物直接通过运河游进或漂流进其他水体；另一些生物由船体带入；还有一些生物则藏身于为平衡船只而加装的压舱水箱中，被运送至其他水域。

贻贝也疯狂

竣工于 1825 年的伊利运河是首条连接五大湖区的运河。这条运河连接了纽约州的哈得孙河及尼亚加拉河，其后五大湖区不断有运河开通。尽管在 19 世纪末，由于火车的使用，运河不再频繁使用，但美国和加拿大还是在继续改造运河水道。

生活在自身所属的自然范围之外的动植物被称为引入物种、外来物种或非本土物种，当这些生物无法控制地蔓延开来时，它们就被称为入侵物种。

1959 年，圣劳伦斯航道开通，使得船只可以从明尼苏达州的德卢斯市一直航行到大西洋。船只驶入河道后，就将它们压舱水箱里的水倾倒进五大湖。这一行为导致了斑马贻贝和斑驴贻贝爆发式生长的生态灾难。这些贻贝是黑海和里海的当地物种，大小与一角钱硬币相当，它们在五大湖内呈指数级爆发增长。现在，数以万亿计的贻贝覆盖了它们遇到的所有物体以及整个湖底。贻贝不仅在与本土软体动物的食物争夺中获胜，还钻进管道，爬满船底，划伤游泳者的脚。1989 年，贻贝堵塞了伊利湖湖底的一根 0.9 米宽的管道，切断了水供应；密歇根州门罗市内约 5 万居民因此停水两天。

惊人的是，每个小小的贻贝每年可以产 100 万个卵，而在北美很少有天敌能制约它们的生长。贻贝属于滤食动物，它们可以吞食水中微小的浮游生物。由于它们的滤食，斑马贻贝或者斑驴贻贝大批出没的湖泊

船只的螺旋桨上紧紧地附着满了伊利湖的斑马贻贝。

会变得异常清澈。其他以水中浮游生物为食的动物根本没有竞争力，导致本土物种衰退以及食物网的崩溃。

亚洲鲤鱼的入侵

21 世纪初期，从美国南部渔场逃脱的亚洲鲤鱼开始顺着密西西比河向北行进。亚洲鲤鱼中的花鲢和白鲢，以浮游生物为食，每条鱼每天都要吃掉 9 千克的浮游生物，在争抢食物方面完胜本土鱼种。花鲢可以长到 45 千克以上。在密西西比河流域的一些河流里，亚洲鲤鱼数量占生物量的 90% 以上。白鲢鱼很容易受到轮船发动机的惊吓，受惊跳出水面时常会弄伤船上人员，它们因这一点而为人们所熟知。

压舱水箱里的水如何解决

自 1959 年圣劳伦斯航道开通以来，有 54 种入侵物种经由压舱水入侵五大湖区。自 1993 年起，法律规定：船只在驶入五大湖区之前，必须清空压舱水，灌上海水。许多淡水生物不能在海水中生存。然而不幸的是，仍有一些生物可以在海水中生存。一些环境保护组织，如美国国家野生动物联合会，认为现有的法律还不够严格，不能阻止斑马贻贝之类的更多入侵物种侵入五大湖区。

鲤鱼不断入侵，越来越接近密歇根湖，政府工作人员决定采取一些措施。工程师们在芝加哥河上建造了一道电子屏障来阻止鲤鱼进入密歇根湖。目前这个电子屏障是阻止鲤鱼蔓延至五大湖区的唯一手段，以防止鲤鱼对当地的鱼种及整个生态系统造成灾难性的后果。但鲤鱼可能已经进入五大湖区了——科学家已经在屏障的上游发现了鲤鱼 DNA 的痕迹。

在美国，大约有 5 万种外来物种，其中约有 4300 种已经成为入侵物种。

应对海七鳃鳗的方法

控制入侵物种海七鳃鳗是湖泊保护的一个成功案例，至今仍被人们津津乐道。七鳃鳗类是一种吸血的鱼，常吸附于大型鱼类身上吸食其血液。它们圆圆的嘴里布满了尖利的牙齿以及如锉刀般的舌头，可以咬穿鱼鳞和鱼皮。在其成年期约 12—18 个月期间，每条七鳃鳗可以杀死多达 18 千克的鱼类。

五大湖区有 4 种本土七鳃鳗，但它们的数量从未失控过。而海七鳃鳗却并非如此。19 世纪 30 年代，海七鳃鳗沿着通航的运河游进安大略湖。尼亚加拉瀑布曾一度阻止了它们向其他湖泊扩张，但后来韦兰运河联通了伊利运河以及安大略湖，这使得它们能够抵达其他几大湖泊。到 1938 年，海七鳃鳗已经遍布五大湖了。

海七鳃鳗很快成为一个大问题。部分是由于海七鳃鳗的捕食行为，到 20 世纪 60 年代，休伦湖和苏必利尔湖湖里的湖红点鲑产量从海七鳃鳗入侵前的每年 6800 吨降到了每年仅 136 吨。同样，许多其他鱼种也受到了影响。

1955 年，美国与加拿大共同组建了五大湖渔业委员会，旨在解决海七鳃鳗问题，并保持五大湖的生产能力。最后的结果是，从 20 世纪 50 年代至今，海七鳃鳗的数量已经减少了 90%。他们采取了四管齐下的方法：首先，在流向五大湖的约 175 条河流中定期投放能杀死海七鳃鳗的药剂，这种药剂可以杀死海七鳃鳗的幼鱼，但对其他鱼类没有影响；其次，当雄性海七鳃鳗在洄游到密歇根湖和休伦湖周边河流时，将其捕获并对其采取绝育措施后再放回河中。这些雄鱼和雌鱼交配后，雌鱼也不能产卵；再次，运用物理和电子屏障，阻止海七鳃鳗洄游到上游产卵，但让其他鱼种顺利通过；第四种方法就是在海七鳃鳗经由五大湖区去产卵的途中设置种种陷阱，以捕获它们。

在与海七鳃鳗斗争的同时，五大湖渔业委员会也开始在一些区域投放湖红点鲑的受精卵。湖区的湖红点鲑数量再次开始攀升。虽然耗时超过 50 年，但苏必利尔湖中的鲑鱼数量已经恢复到了海七鳃鳗入侵之前的水平。尽管斗争还未结束，但已经取得了一定进展。

鲑鱼之战

　　尽管五大湖渔业委员会致力于使湖红点鲑回归到苏必利尔湖，但黄石国家公园的工作人员正在努力地消除它们。湖红点鲑很可能是被人蓄意（且非法）地从附近湖泊里引入到黄石国家公园，它们对本土克氏鲑的生存造成了负面冲击，而许多野生动物靠吃克氏鲑生存，所以克氏鲑的消失影响了整个生态系统。美国国家公园管理局现在利用刺网来清除湖红点鲑，同时也鼓励钓鱼人抓捕并杀死这种鲑鱼。这一项目似乎卓有成效，黄石国家公园湖泊里的湖红点鲑数量在 2011 年之前一直都在增长，但此后数量持续下降。

自 1972 年《清洁水法》签署以来，
底特律河的水质有了很大改善。

第九章

淡水湖保护的未来

自1969 年凯霍加河发生火灾以来，在公众的愤怒情绪、美国环境保护局成立以及《清洁水法》通过的共同推动下，资源保护科学在美国已有了长足的发展，但严重的问题仍然存在。地球人口不断增长，淡水供给不断减少，现在的关键是要找到新的方法来维持并保护淡水生态系统。

　　有人提议淡化海水来解决世界水资源短缺，但这一方法需要从化石燃料中获取大量能源，因此会影响气候，而且耗费巨大。依赖淡化水还会使食物及其他产品的成本变得更高。一种更好的解决办法是保护我们已有的淡水资源，使每个人都有足够满足需求的淡水。

需要社区的力量

　　在某些地区，保护组织正与当地社区一起，努力寻求保护湖泊与江河的方法。如在阿拉斯加东南部的威尔士王子岛，海达族人正与大自然保护协会一起致力于保护鲑鱼产卵的河流。在过去的几十年里，河流周边的森林砍伐对河流造成了一定破坏，导致鲑鱼以及硬头鳟的数量减少。大自然保护协会正在培训该社区成员去收集有关水流、水温以及栖息地条件的数据。这些数据将被用来评估和保护这些河流。

　　大自然保护协会与缅因州的地方组织正共同保护牡蛎的幼体，将它们带到保护区。

美国家庭每天平均用水1514升。

36.73 平方千米。公园里有 4 个火山湖，4 口温泉，还有无数的湖泊与水塘，为周围地区提供了饮用水以及灌溉用水。然而，雨林一直遭到非法农耕的威胁。为了拯救森林而实施的一项计划是，雇用当地民众在雨林受毁地区照管雨林并补种树木，同时培训另外一些人去做导游、经营商店、出租皮划艇。利用自然旅游资源创造收入，给森林创造了新的价值。

显然，如果想保留这珍贵的淡水资源，我们必须马上采取行动。我们必须改变自身的习惯，让生态系统能继续保持淡水生物多样性，并维持人类生活。我们的生存与责任要求我们必须帮助这些淡水生态系统保持健康状态，发挥正常作用，并养活切合实际的本土动植物数量。

——西尔克（Nicole Silk），《淡水生态多样性保护实践者指南》的编者

另外一个保护湖泊和池塘的成功项目正在菲律宾进行。布卢桑火山国家公园是一个被雨林环绕的动植物天堂，面积为

我们在家里所能做的

许多人正在为保护淡水资源而作出改变，他们所采用的一种方法就是参与当地水资源保护项目。这些项目通常都是该州自然资源保护部门或当地高校所开展的。一些环保组织，如大自然保护协会、艾萨克·沃尔顿联盟、野鸭基金会也为人们提供信息及一些机会。

对于城市民众来说，另外一种作出改变的有效方法是投票，要求对湖泊河流的

保护采取更为强有力的措施。尽管《清洁水法》帮助治理污染并保护了许多地方的淡水生态系统，但为了在未来几年保护这些资源，可能需要更严格的法规。

即使那些还没到投票年龄的人也能促进法律的改变以保护湖泊河流。比如：给政府代表写信，敦促他们进行关于保护河流的投票；写信给所在城市或学校的报纸的编辑，分享这些问题有助于他人理解保护淡水资源的重要性。

保护濒危物种

1973 年，美国政府通过了《濒危物种法》，这是对淡水生态系统具有重要影响意义的一项法规。这一法规指出，许多物种面临灭绝的威胁，我们必须对它们进行保护。联邦机构被要求与各州机构一起通力合作来保护这些物种。截至 2017 年，约有 1652 种美国物种被列为濒危物种或受威胁物种。其中，绝大部分是鱼类、甲壳类、蛤

保护淡水生态系统的方法

人们可以做很多事情来拯救我们的淡水生态系统。比如很重要的一点是，不要将家用化学品、药品或者其他有害物质冲入水中、排入下水道或倾倒在室外。大多数城市都有获准置放这些废物的地方。

同样重要的是不浪费水。刷牙或洗手后应关闭水龙头，确保只在必需的时候冲洗马桶。

我们还可以选用节水的洗衣机、洗碗机。衣服尽量等到能装满洗衣机时一起洗。如果必须洗少量衣物，可调整洗衣机水位，不让洗衣机一直处于满水位状态。

另外一个有益于地球淡水生态系统的方法就是使用堆肥或蠕虫箱来处理食物残渣，而不是用传统的垃圾处置手段。这不仅节水，而且堆肥对植物生长也大有益处。

最后，每个人都应该购买可重复使用的水瓶，从水龙头那里接水喝，而不是买瓶装水喝。

类及两栖动物类等水生动物。人们正在努力保护这些物种。

其他组织和政府也在努力甄别濒危物种并对其加以保护。世界自然保护联盟发布了《世界自然保护联盟濒危物种红色名录》，列出了全球范围内的濒危物种名单以及对它们的保护现状。这个数据库可供在线查询，人们可以很容易查到某一物种的生存状态。这一信息可用于确定哪些物种需要保护以及如何最好地保护它们。

马达加斯加的一种本土鱼类，在《世界自然保护联盟濒危物种红色名录》中被列为极度濒危物种。

· UNITED · STATES ·

ENVIRONMENTAL PROTECTION AGENCY

U.S. EPA SUPERFUND CLEANUP SITE

世界各国政府都应不断努力，帮助我们的淡水湖和环境保持洁净。

我们的世界所面临的问题似乎太过复杂，任何人都难以解决这些问题。然而，正如人类学家米德（Margaret Mead）曾经所说的："永远不要怀疑，那一小群有思想、有决心的人能改变世界。实际上这是世上唯一真正发生过的事情。"在保护湖泊、江河和溪流方面，这一点也一如既往地正确。预防是最佳的保护手段，为了保护我们赖以生存的淡水生态系统而做出改变，在任何时候都为时未晚！

公益自然

要知道如何最好地保护生态系统，了解它就极为重要。公益自然网，一个非营利性组织，正致力于此项工作。公益自然网站与美国、加拿大、拉丁美洲以及加勒比地区的 80 多个合作伙伴一起收集物种与生态系统方面的数据。他们把这些数据以地图、视频以及信息图等易懂的形式提供给公众。人们在知晓这些信息后就能做出选择，知道如何对该区域的生物多样性进行最佳保护。公益自然网站基于他们收集到的数据，曾在特拉华州和马里兰州创建了一项保护稀有的黑带太阳鱼的计划。由于栖息地的减少、物种入侵以及非法的水生宠物交易，这种漂亮小鱼的生存受到一定威胁。

因果关系

过度捕捞

→ 更严格的法律

森林滥伐

树木再植

污染 气候变化 →

调水工程

修筑水坝

物种入侵

保护淡水湖

旱作方法提高
水利用效率

拆除水坝，使河流
恢复到自然状态

减少杀虫剂的使
用，防止物种入侵

基本事实

正在发生的事

全世界的湖泊、江河和溪流都面临着许多不同的威胁。科学家正致力于寻找新的方法保护并维持这些珍贵的资源。

原因

淡水生态系统面临的主要威胁包括污染、森林滥伐、水坝修筑、引水调水、物种入侵、气候变化以及过度捕捞。很多时候，这些水体面临多重威胁。

核心角色

在这种情形中，所涉及的核心角色主要是居住于江河湖泊流域的农民、工业生产者、渔民以及所有靠江河湖泊的健康发展来获取饮用水、食物、休闲以及其他资源的人。

修复措施

　　美国国家环境保护局目前监测着全美湖泊与江河的健康状况。有些时候，环保局要求污染排放者整顿其自身行为。州政府、地方政府与环保机构也在合作，努力净化受污染的或被滥砍滥伐严重影响的湖泊河流生态系统。

对未来的意义

　　淡水生态系统未来将持续面临严重挑战，其中包括气候变化、森林滥伐、过度捕捞、污染及更多其他因素。随着人口不断增长，如果不采取更强有力的手段来应对它们，这类问题将急剧增加。

引述

　　显然，如果想保留这珍贵的淡水资源，我们必须马上采取行动。我们必须改变自身的习惯，让生态系统能继续保持淡水生物多样性，并维持人类生活。我们的生存与责任要求我们必须帮助这些淡水生态系统保持健康状态，发挥正常作用，并养活切合实际的本土动植物数量。

　　　　　　　　　　　——西尔克，《淡水生态多样性保护实践者指南》的编者

专业术语

藻类

没有真正的根、茎或叶的植物样生物。

缺氧

氧的供给不能满足机体的代谢需要。

压舱物

船上装载的水、岩石、沙子或其他重物，用来使船稳定。

生物质能

由木材或乙醇等生物燃料产生的能量。

生物放大

化合物（如污染物或杀虫剂）在通过食物网时，其在生物体组织中的浓度增加的过程。

生物量

在某一特定时间内，单位面积或体积内的生物个体总量。

残体

未分解的死亡动、植物组织及其部分分解产物

淡化

从水中除去盐分。

生态系统

在一定空间和时间范围内，相互作用的生物群落及其环境构成的共同体。

侵蚀

地球表面被水、冰川、风等磨损的过程。

富营养化

湖中积累的营养物质导致藻类过度生长，藻类腐烂时会消耗氧气。

灭绝

某个物种的个体不再存在。

栖息地

生物出现在环境中的空间范围与环境条件的总和。

灌溉

将水用于农田以帮助植物生长。

新陈代谢

活的生物体内发生的全部有序化学变化的总称，包括物质代谢和能量代谢两方面，如消化以及化学物质向不同细胞转运。

过度开发

使用某种资源到无法维持或替代的程度。

光合作用

植物和某些生物将太阳光转化为可用能量的过程。

滨水区

与河岸或其他水体的岸相连的区域。

沉积

矿物质或有机物在某一区域累积。

涡轮机

带有旋转叶片的机器，叶片由流经它们的液体或空气驱动。

Bringing Back Our Freshwater Lakes

By

LISA J. AMSTUTZ

责任编辑　顾巧燕　侯慧菊

封面设计　杨　静

"修复我们的地球"丛书

走进淡水湖

［美］莉萨·J·阿姆斯特茨（LISA J. AMSTUTZ）　著

李咏梅　王红武　译

出版发行　上海科技教育出版社有限公司

　　　　　　（上海市柳州路 218 号　邮政编码 200235）

网　　址　www.ewen.co　www.sste.com

经　　销　各地新华书店经销

印　　刷　常熟市文化印刷有限公司

开　　本　787×1092　1/16

印　　张　6.5

版　　次　2020 年 4 月第 1 版

印　　次　2020 年 4 月第 1 次印刷

书　　号　ISBN 978-7-5428-7172-5/N·1077

图　　字　09-2019-007 号

定　　价　45.00 元